오듀본,
새를 사랑한 남자

지음 **파비앙 그롤로, 제레미 루아예**

옮김 **이희정** ┃ 감수 **박병권**

푸른
지식

그래픽 평전 010

오듀본, 새를 사랑한 남자

초판 2쇄 발행 2019년 4월 20일
초판 1쇄 발행 2017년 7월 3일

지은이 파비앵 그롤로, 제레미 루아예
옮긴이 이희정
감수 박병권
펴낸이 윤미정

펴낸곳 푸른지식 | 출판등록 제2011-000056호 2010년 3월 10일
주소 서울특별시 마포구 월드컵북로 20(동교동) 삼호빌딩 303호
전화 02)312-2656 | **팩스** 02)312-2654
이메일 dreams@greenknowledge.co.kr
블로그 greenknow.blog.me
ISBN 979-11-88370-01-6 03490

* 잘못된 책은 바꾸어 드립니다.
* 책값은 뒤표지에 있습니다.

이 도서의 국립중앙도서관 출판시도서목록(CIP)은
서지정보유통지원시스템 홈페이지(http://seoji.nl.go.kr)와
국가자료공동목록시스템(http://www.nl.go.kr/kolisnet)에서
이용하실 수 있습니다. (CIP제어번호: CIP2017014833)

추천사

조류기록의 대가 오듀본

조물주는 인간에게 참으로 흥미로운 능력을 남겨 주신 듯하다. 그것은 자신이 아닌
다른 생물을 이해하고 그들에 대해 기록하며 토론하고 거의 평생을
자신이 좋아하는 것을 위해 살아갈 수 있는 묘한 능력을 부여해 놓은 일이다.
저명한 자연과학자를 비롯해 문학·철학·예술·종교 등에서 뛰어난 흔적을 남긴 사람
중에는 이런 인물들이 적지 않게 등장한다. 물론 인간이 가진 능력 중에서
어디부터 어디까지를 어떤 목적과 시간에 유용하게 사용해야 하는지 아직 우리는 모르고 있다.
그렇다 해도 자기 생의 굵은 흔적을 특정 분야에 남겨 수많은 사람들의 영감 속에
엉켜있는 다양한 실타래를 절묘하게 흔들어 주는 것이야말로 이들이 가진 능력이자
힘이 아닌가 한다. 오듀본은 미국에서 가장 저명한 자연과학자로 미국 조류학의
아버지라 불릴 만큼 새에 관한 놀랍고 뛰어난 업적을 남겼다. 우리가 익히 알고 있는
찰스 다윈도 자신의 저서에 오듀본의 이름을 인용하고 있을 정도이다. 실제 400장이 넘는
조류의 사실화를 남겼으며, 그 가치는 경매에 등장했던 그의 저작 한 부가 100억 원이 넘는
천문학적 금액으로 거래된 것이 말해주고 있다. 그의 이름을 딴 백여 개의
오듀본협회(National Audubon Society)는 살아생전 그의 노력이 얼마나
위대한 것이었는지를 여실히 보여주는 것이라 할 수 있다.
많은 사람들은 다른 사람이 갔던 길을 다시 간다는 것에 부담을 느끼기도 하고
그런 길에서 새로운 무언가를 찾지 못하면 그리 주목받지 못하는 것 아닐까 하는 두려움으로
출발을 주저하는 경우가 많다. 또한, 대부분은 늘 새로운 것이 시대를 앞서간다고 생각한다.
그러나 이 책에서는 새로운 것만큼이나 우리 곁에서 사라진 것들이 가진 가치를
충분히 느낄 수 있도록 새를 통해 느낄 수 있는 독특한 감칠맛을 제공하고 있다.
동물에 대한 무관심과 경이로움이 공존하던 시대에, 하늘을 날던 새를 그림으로 그려내
땅으로 내려오게 한 화가이자 조류기록 전문가로서 오듀본이 보여준 놀라운 능력을
엿볼 기회가 이 책에 들어있다. 수많은 새들을 기록하기 위한 방법으로 요즘은
통할법하지 않는 총질과 재미에 가까운 사냥을 택하고, 채 온기가 식지 않은 그들을

손에 들고 기록으로 남긴 일은 어쩌면 종군기자가 남긴 사진 한 장처럼
처절하게 느껴지기도 한다.
미주리 강의 작은 지류인 수픽투(Sioux-Pictou)를 건너며 오듀본은 이런 기록을 남겼다.
"예전에는 비버, 수달, 사향쥐가 아주 많이 살았는데, 지금은 완전히 없어져..."
수백 년 전에 남긴 이 한마디는 지금까지도 유통기한이 남아있는,
자연에 대한 인류의 해악을 그려낸 변함없는 탄식이다.
자연과 생태계의 한 구성원으로서 자신이 들어차 살아가고 있는 자연이 만들어 내는
오묘함을 평생의 호기심으로 들여다본 사람들은 부지기수다. 이 책의 한 페이지 한 페이지에
남아있는 오듀본의 섬세한 기록, 특히 새를 통해 바라본 색채와 해부학적 기록,
이를 완성해 나가는 여정을 통해, 사라진 생물에 대한 탄식만큼 살아있는 생물로부터
경탄을 찾아내야 할 이유가 충분함을 느낄 수 있을 것이다.
자연 속의 생물들을 통한 경험은 시간과 장소를 막론하고 오직 경험자만이 누릴 수 있는
단 하나의 저작물에 가깝다. 눈과 귀, 피부와 신경을 통해 얻어낸 감흥이야말로
시간의 변화와는 전혀 무관한 가장 완벽한 감성의 인쇄장치라 생각한다.
이 책을 통해 몇백 년 전 조류학자가 느끼고 기록했던 정밀하기 그지없는 새들에 대한
"촉"을 다시 세워보는 충분한 이유를 찾아내길 기대한다.

2017년 박병권(한국도시생태연구소 소장)

작가의 말

장 라뱅(Jean Rabin), 푸제르(Fougère), 라포레(Laforêt),
장 자크 오뒤봉(Jean-Jacques Audubon), 존 제임스 오듀본(John James Audubon).
그는 다양한 이름만큼 다채로운 삶을 살았다. 복잡하고도 모험이 가득한 인생이었고,
풍부한 경험도 쌓았다. 하지만 이것만으로는 썩 충분하지 못하다고 생각했는지
오듀본은 자신의 개인사를 지어내기도 하고, 고치기도 하고, 미화하기도 했다.
때로는 좋은 의도로 그랬을 수도 있고, 어쩌면 잊어버렸거나 자신의 거짓말을
정말로 믿게 되어서였을 수도 있다.

오듀본은 타의 추종을 불허하는 새 전문 화가, 미국 초기의 선구적인 탐험가,
작가이자 현대 미국 생태학의 아버지 중 하나로 역사에 남았다.

이 책은 오듀본의 생애를 다루고 있으며, 그의 저작을 주로 참조했다.
또한 역사적인 사실보다 인물의 개성을 좀 더 드러내 보여주고자
작가들이 지어낸 이야기도 일부 넣었다.

즐거운 독서가 되길 바라며.

파비앵 그롤로

미시시피 강, 1810년

날씨가 영
심상치 않은데요.

흑기러기 떼야.

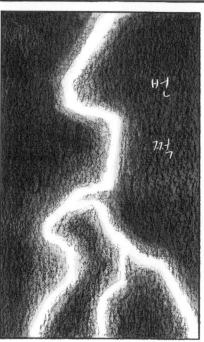

서둘러. 내 그림들을
빨리 안전한 곳으로
옮겨야 하니까.

조지프, 내
화구 좀 주겠나?

지금요, 선생님?

지금!

16

선생님처럼요.

제 말 들으셨어요,
선생님?

선생님?

20

헨더슨(Henderson), 1812년

선술집

은행

제리네

선술집

아아,
날 못 믿나 보군,
프랑스 친구.

하지만 내 말을
증명하기가
어렵지는 않으니까.

아니요.
믿고말고요, 대령님.

"여기서 한 시간쯤 말을 타고
가면 오래된 양버즘나무가 있어.
오하이오 강의 기슭을 따라
남쪽으로 가기만 하면 돼."

"카누크리크(Canoe Creek)를
지나서 곧바로 나오는 '죽은
자들의 섬(Deadman's Island)' 부근에
있으니까 바로 찾을 수 있을 걸세."

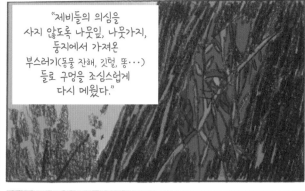
"제비들의 의심을
사지 않도록 나뭇잎, 나뭇가지,
둥지에서 가져온
부스러기(동물 잔해, 깃털, 똥···)
들로 구멍을 조심스럽게
다시 메웠다."

"밤이 되자 나는
제비들이 잠들기를
기다렸다가 둥지로
가보기로 했다."

"나는 저녁에
제비 떼가
돌아올 때까지
기다렸다."

"그날 밤, 나는 관찰하려고 백 개체 정도를 채집했다."

"한편으로 경험을 되새겨 단순하게 계산해서 양버즘나무의 너비를 가늠해보았다."

"···다른 한편으로, 나무 내부에 표본의 밀도가 어느 정도인지를 계산하여···."

"약 11만 마리의 제비가 둥지를 틀고 있다는 결론을 얻었다."

"8월 19일, 제비가 수백 마리밖에 남지 않았다."

"9월 2일, 남쪽으로 날아가던 중에 낙오된 제비 몇 마리만 있었다."

"9월 말에 둥지가 비었다."

"2월, 여전히 둥지는 텅 비어 있다. 어떤 희한한 이유가 있는지는 모르겠지만, 모든 제비가 완전히 이 고장을 떠난 것 같다."

아아, 굉장해.
드디어 잡았다!

그렇게 쫓아다니게 하더니!
그래도 가시덤불 뒤에서
몇 시간 동안 기다린 보람이
있었어!

루시! 루시!
두 마리
잡아 왔어!

이런, 장 자크,*
다들 당신을 얼마나
찾았는데!

봐, 상아부리딱따구
리야.
요즘 굉장히 귀해졌지.

몸이 완전히 식기
전에 얼른 그림으로
남겨야겠어.

설마 잊은 건 아니겠지?

뭘?

잊었구나!

* '장 자크'는 존 제임스 오듀본의 프랑스식 이름이다. ─옮긴이 주

그렇죠. 좋아요, 로빈슨 부인. 리듬을 타세요!

윌리엄 자네는, 음, 파트너를 조금 더 따라가도록 해봐. 하하하!

하나, 둘, 셋, 하나, 둘, 셋, 넷…

하나, 둘, 셋, 하나, 둘, 셋, 넷…

좋아요, 여러분, 많이 발전했어요. 프랑스 낭트의 살롱이라고 해도 믿겠어요!

쉽진 않았지만요! 하하하!

정말 멋진 분이야!

촌스러운 우리 동네 남자들도 좀 바뀌어야 할 텐데!

프랑스식으로 교육을 좀 받다 보니 정말 꽤 많이 바뀐 것 같아요.

솔직히 저도 배운 게 꽤 많거든요.

좋아요, 제임스 양! 황제 폐하의 무도회에 가도 되겠어요.

좋은 파트너만 찾으면 되겠네요, 하하하!

자자, 신사 숙녀 여러분, 다시 해봐요.

이제 양해 부탁합니다.

저도 아름다운 여성분과 춤을 춰야 하거든요.

베르투 씨, 정말 못하는 게 없는 동업자를 두셨군요.

흠. 그럴 수도 있겠지만····.

우리 아버지 생각은 좀 다르시답니다.

음악과 그림에 조예가 깊은 건 사실이지만, 사업은 썩 맥을 못 추는 것 같더군요. 그렇죠?

소문이 사실입니까?

방금 무슨 소리였지?

야행성 맹금류야.

여보, 할 말이 있는데, 아무래도 나···.

부엉이인가? 나는 저런 울음소리는 유난히 잘 모르겠어.

···나 둘째를 임신···.

저기, 루시. 당신 먼저 들어가. 나는 좀 이따 갈게. 내 걱정은 말고 먼저 자.

잘 자, 내 사랑!

장 자크?

헨더슨, 1819년

존?

장 자크?

애들아, 아빠
안 오셨니?

네, 못 봤어요.

"몸집이 커다랗고 아름다운 야생 칠면조는 고급 음식으로 그 가치가 높이 평가된다."

"미국 토종이라고
부를 수 있는 새 중 가장
흥미로운 새로 꼽힌다."

여태 숲속을 헤매고
다니는 건 아니겠지.

루시.

아, 안녕하세요.
베르투 씨!

잘 지내시죠? 존 제임스랑
같이 계시지 않았나요?
그이 아직 가게에 있나요?

루시, 내가 존한테
그 제재소에 투자하지
말라고 얼마나 말렸는지
알 거예요.

왜 그런 말씀을
하세요? 무슨 일이
있었죠? 세상에!

41

아, 오듀본 부인, 부군은 괜찮을 겁니다. 부인을 기다렸을 거예요. 죄송합니다. 판사의 명령이라 어쩔 수 없었어요.

10분 이상 못 드립니다.

존?

존, 괜찮아? 판사님이 다 설명해주셨어. 되도록 빨리 재판해주신대. 몇 주 정도 걸리는 사건이래. · · ·

빚을 일부라도 갚으면 곧바로 나갈 수 있대.

괜찮겠지?
견딜 수 있지?

존, 내 말
듣고 있어?

결정을 빨리 내려야 해.
우선 그 망할 제재소랑
풍차를 팔고, 아, 정말,
집도 팔아야겠지.
그리고···.

저기 봐,
드디어 왔네.
계속 기다렸는데!

응? 누구?
무슨 말이야?
내 얘기는···.

작은 딱새
말이야!

당신 내 작업실 옆에
둥지를 틀었던
그 딱새 기억하지?

장 자크···.

그 새한테 당신
이름을 붙여줬잖아.
알지?
그 새가 아직도 와.
적어도 일곱 살은
된 것 같아.

그게 무슨 뜻인지
알겠어?

43

장 자크! 지금 우리 미래를 얘기하는 중이잖아. 제발····.

하지만 나는 내 미래를 얘기하고 있어! 지금은 내 말 들어!

그렇게 소리 지르면 안 들을래.

좋아.

부인, 무슨 문제라도?

아뇨, 괜찮아요.

딱새 발에 내가 빨간 리본을 묶어줬는데, 계속 그걸 달고 있어.

7년 내내 관찰했는데 그래.

겨울이 되기 전에 떠났다가 봄에 다시 돌아와서 언제나 여기에 둥지를 틀어.

언제나, 알겠어?

그래, 아니, 그게 도대체 우리랑 무슨 상관이야?

루시, 난 할 만큼 했는데 실패했어.

나는 아버지가 바랐던 것처럼 대단한 사업가가 못 됐어.

제재소는 망했고, 농장은 말도 꺼내지 말자.

나는 내가 왜 그 길을 걸어야 하는지조차 모르겠어. 이 모든 게 나를 위해서도 아니고, 알아듣겠어? 나는 장사에는 재능이 없어.

루시, 당신은 내가 왜 실패만 하는지 알아?

딱새를 봐! 울새, 박새····

저쪽이 내가 서 있는 곳이야.

새들과 늘 함께했어.

내가 절대 좋은 사업가가, 뭐가 됐든 좋은 사람이 될 수 없는 이유야. 알겠어?

알 것 같아.

사실 오래전부터 알고 있었어.

장 자크, 당신이 그토록 자주, 오래전부터 이야기해왔잖아.

아마도 그 오래된 여행을 해야 하겠지? 내 말은, 지금이라도. 우린 어떻게든 되겠지.

아빠 찾았어요, 엄마?

"사랑하는 남편,
사랑하는 라포레…"

"당신이 떠나리라는 걸,
나는 당신이 내 앞에 처음 나
타난 날부터 알고 있었어."

"당신은 어딘가에서 불쑥,
진흙과 잔가지를 잔뜩 뒤집어쓴
지저분한 모습으로 나타났지."

"그날 나는 평범한 삶을
살 수 없으리란 걸 알았어."

"그날 나는 내 곁에 있어주지 않을 사람과 살아야 한다는 걸 알았어."

누구···, 누구세요?

하하하, 오듀본! 프랑스 이웃이 드디어 우리 집에 행차해주셨구먼!

잘 왔네! 들어오게. 우리 땅을 구경하게 해주지.

도착한 지 얼마 안 되어서 할 일이 무척 많았습니다.

괜찮아, 나도 아네.

윌리엄 경, 좀 더 일찍 찾아뵙지 못해 죄송합니다. 하지만···

오, 미안. 깜빡할 뻔했군. 내 딸 루시는 모르지?

루시 베이크웰(Lucy Bakewell), 이쪽은 우리 이웃 장 자크 오듀본이다.

실례합니다만, 여기선 이제 '존 제임스' 오듀본이라고 합니다.

"하지만 나는 당신이 떠나는 게, 자유로운 게, 멀리 가는 게 더 좋아."

"··· 새장에 갇힌 것보다."

나는 어떻게
할 건지
안 물어봐?

당신? 당신은 아버지, 어머니를
죽여서라도 날아오르겠지 !
그리고 날개가 다 타버릴 때까지
날 거야. 그게 뭐 중요해?

"가, 라포레,
당신 꿈을 쫓아가,
훨훨 날아가."

"그리고 언젠가는 둥지로
다시 돌아오는 걸 잊지 마."

"둥지에 언제나
내가 있을 거야."

"당신의 루시."

아아아아아악!!

49

미시시피 강, 1820년

"루시,
사랑하는 루시."

"우리가 여행을 시작한 지
겨우 몇 주가 흘러서야,
마침내 짬을 내서
당신한테 이 편지를 써."

"첫 며칠 동안 황홀할
지경이었어. 벌써 수많은
종을 채집했지."

"조지프는 좋은
수습생이고, 총도 잘 쏴.
그림은 아직 무척
서툴지만,
희망은 있어."

"길을 안내하고
뱃사공 역할도 하는 쇼건은
무뚝뚝하고
과묵한 성격이야."

"하지만 추적으로는
따라갈 자가 없고,
숲도 아주 잘 알아."

쇼건, 여기에
베이스캠프를 세우지.

가자,
조지프.

쉿!
저건 그냥
칠면조야.

우리 저녁거리···

빵!

여기 조용히 앉아서
저 커다란 떡갈나무
위쪽을 봐.

아아! 믿을 수 없어, 봤나?

뱀이 못 이기고 물러났어!

날카롭게 지저귀는 소리로 근처에 사는 흉내지빠귀들을 모조리 불러 모아서 뱀을 물러나게 했어!

위험이 닥쳤을 때 아주 효율적인 경보 체계를 가동한 거야. 정말 놀라워!

이제 뭘 하면 되죠, 선생님? '채집'할까요?

아니, 됐어. 그렇게 멋진 전투를 치렀는데 숨 돌릴 시간은 줘야지; 안 그래?

다른 기회가 있겠···

크이약!

애꾸눈이었다면
나이가 많은 곰이었겠네요.

우리 부족 사람(coscâws)
들은 그런 곰을 숲의 자유로운
영혼이라고 해요.

그 곰은 오래전 총알이 오른쪽
눈을 통해 머리를 통과했을 때
한 번 죽었었어요. 하지만
다시 살아 돌아왔지요.

이번에도
살아날지 몰라요.

조심하세요. 어쩌면
오듀본 씨한테 다시
나타날지도 모르니까요.

난 과학자야.
귀신 같은 건
믿지 않아, 쇼건.

잘들 자게.

"수많은 벌레가 윙윙대는
소리만 들릴 뿐, 주위에는
신비로운 고요함이
내려앉아 있었다."

"피에 굶주린 모기가
내 손에 앉으려고 하면
나는 좀 더 잘 관찰하고자
모기가 하는 대로 내버려 둔다."

"모기는 가느다란
흡관을 내 피부 속으로
능숙하게 꽂아 넣는다."

"모기는 피를 잔뜩 빨아들이고,
순식간에 몸이 부풀어 오른다.
그런 다음 조그만 날개를 펼치고
날아가서 다시는 돌아오지 않는다."

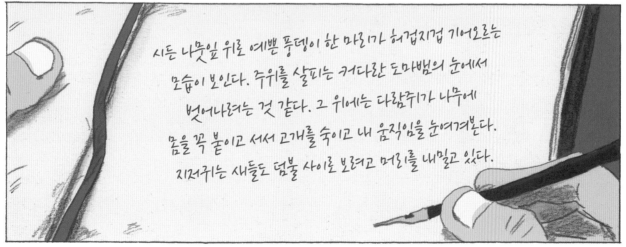

시든 나뭇잎 위로 예쁜 풍뎅이 한 마리가 허겁지겁 기어오르는
모습이 보인다. 주위를 살피는 커다란 도마뱀의 눈에서
벗어나려는 것 같다. 그 위에는 다람쥐가 나무에
몸을 꼭 붙이고 서서 고개를 숙이고 내 움직임을 눈여겨본다.
지저귀는 새들도 덤불 사이로 보려고 머리를 내밀고 있다.

딱따구리가 불쌍하군. 생기를 잘 표현하지 못했어.

잘 그리긴 했는데 경직돼 있어. 윌슨의 그림 같네.

네? 제 그림이?

무슨 말씀이세요? 저는 윌슨의 그림을 굉장히 좋아해요. 선생님은 아니세요?

윌슨! 윌슨! 그 사람 그림과 내 그림을 유심히 본 적이 있나? 전혀 다르잖아.

죄송합니다, 선생님. 하지만 윌슨은 무척 유명하잖아요. 저는 이해가 안 되는데요.

아, 윌슨의 제자랑은 토론하고 싶지 않아.

나는 자네가 윌슨이 아니라 오듀본의 제자인 줄 알았는데, 조지프!

오해는 말게, 나는 윌슨과 아는 사이였어.

그는 『미국의 조류학』* 책을 쓰면서 한창 후원받을 때 우리 집에 와서 꽤 많은 시간을 보냈었어.

그 시절 나는 내 친구 로저와 함께 루이빌에서 가게를 하고 있었지.

그저 우리는 맞지 않았을 뿐이야.

루이빌, 1810년

그림이 굉장히 멋지군요, 존 제임스, 정말로···.

하지만 과학적이지 않아요.

* American Ornithology

68

내가 보기엔 지나치게
활기가 넘치고
감성적이에요.

잡화점

뭐라고요?

이건 자연주의자가
아니라 예술가의 시각으로
그린 거죠.

한껏 솟은 이 깃털,
매의 부리에 맺힌 피에
무슨 의미가 있죠?

생명이죠, 알렉산더.
내가 표현하고 싶은 게
그거예요.

나는 보이는 대상에
감정을 품지 말아야 한다고
생각해요.

여기, 이 그림은 완전히
반대잖아요. 새가 그림을
뚫고 나오려는 것 같아요.
너무 '낭만적'이에요.

이런, 윌슨!

새는 생물이에요.
죽은 정물이
아니라고요.

그래요, 나는, 우짖으며
아직 따뜻한 오리 사체를
뒤적이는 매를 그렸어요.

오리고기를 삼키느라
부리에 피가 묻었고요.
그래요, 그래요, 그래요!

하지만 그게
생명이니까요!

매의 습성과 생활 방식을
관찰하고 자연 상태 그대로
표현하는 거예요!

그래요, 윌슨,
그게 바로 내가 그림을
보는 방식이에요.

불쌍한
윌슨.

그가 어떻게
됐는지 알고 싶나?
조지프 메이슨?

불행히도 윌슨은
빈털터리가 되고 병이 들었어.
『미국의 조류학』이 완성되고
인쇄되는 것도 못 봤지.

하지만 나는 그가 결국
내 그림의 의미를 이해했다는
걸 알게 됐어.

자, 이걸 봐.

따란 깃털이 정말 근사하지!

얼마나 아름다운지 몰라!

오늘 아침에 오랫동안 이 멋진 어치를 관찰했어.

총을 쏴서 죽인 지 겨우 몇 시간밖에 지나지 않았지.

숨은 이미 끊어지고, 죽음의 회색 그림자가 드리웠지.

먼저 길이를 재. 발 길이를 잘 적어둬. 음, 어디 보자···

몸무게는 9그램. 근사한 표본이지.

날개를 펼친 길이, 흉곽의 크기···

속을 비우고 위장의 내용물을 확인해. 무척 재미있을 때가 많아.

예쁜 겉모습을 믿지 마. 파란 어치는 사기꾼이고 더러운 꼬마 도둑이니까.

오늘 아침에 둥지를 약탈하는 어치를 봤어. 앵무새 둥지인 것 같았지.

우ㄹㄹ릉

어치들은 태연하게 알을 먹었어. 잘 봐. 위장 속에 여러 가지 씨앗 잔해가 남아 있지.

자, 이제 다시 이 녀석을 일어서게 할 거야. 삼실을 줘.

철사랑 핀도 필요해.

이제 이 녀석을 다시 살려낼 거야.

어치의 생생하고 독특한 모습을 되도록 빨리 화폭에 남길 수 있도록 말이야.

이 한없이 미묘한 색감을 살리면서 색깔을 정확히 표현할 수 있도록.

72

새벽녘에 봤던 그 새의
움직임을 제대로 포착할 수 있도록.

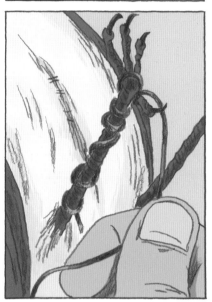

윌슨은 틀렸어. 이 모든 것이
우리가 그림에서 보여줄 수 있고,
보여줘야만 하는 '과학적인'
자료라고, 이 친구야.

이것 봐.
근사하잖아.

꼬리까지 매만진 깃털, 활짝 편 날개를 잘 봐.

우리는 이 모습을 그려야 해.

어치가 저승에서 살아 돌아온 것 같지 않나?

번쩍!

폭풍우가 닥치려나
봐요, 오듀본 씨.

조지프, 노 좀 잡고 있어.
나는 이음매 부분을
더 단단히 묶어야겠어

죽음 가지고
장난치는 거
아닙니다.

음?

선생님,
드릴 말씀이···.

75

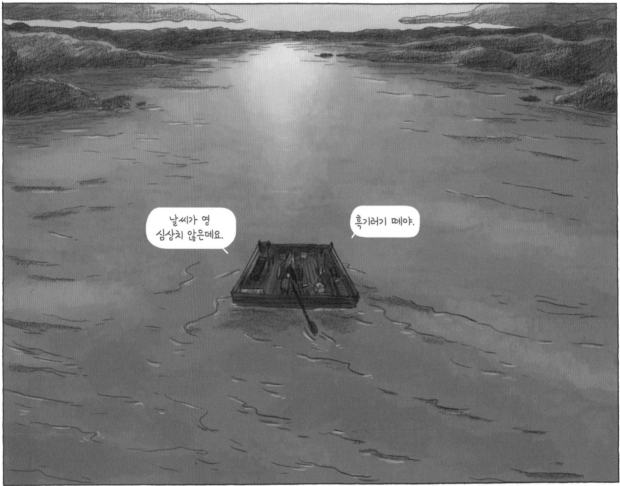

· || ·

미 시 시 피

아니야, 윌리엄.
그게 아니지.
헷갈렸구나.

잘 봐, 4를 넣고
2를 뺄게. 알겠니?

안녕하세요, 루시. 얘들
아, 잠깐 나가 있어라.

편지가 왔어요.
남편이 보내신 것
같아요.

일이 바라던 대로 잘되어
가나요? 남편분의 탐험은
어디까지 진행되었나요?

루이지애나 주 근처래요.
큰 폭풍우를 맞았지만 괜찮다고 하네요.
그래도 한동안 발이 묶여
꼼짝도 못 했대요.

그동안 존 제임스는 근처 숲에서
많은 시간을 보내며
표본을 많이 채집했대요.

이거 드릴게요, 퍼시 부인.
남편이 그림을 몇 장 보냈어요.

78

여기는
내처러시 족(Natchitoches)의
땅이에요.

조심하세요!

쿠당탕탕

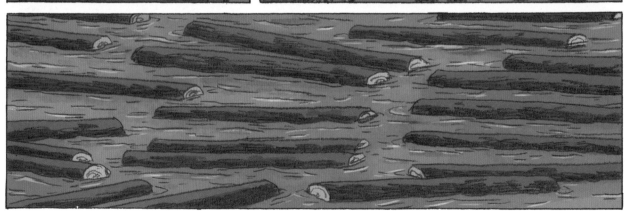

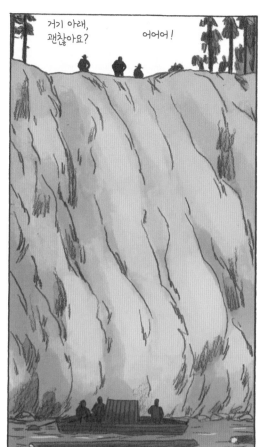

이해할 수
있을 것 같아요.

내일 숲에 사냥을
나갈 텐데 선생도
같이 가면 좋겠소.

선생이 10년 전에
왔었더라면
좋았을 것 같군요.

호호호.

숲속에 숨어 있는
멋진 장소들을
보여드렸을 텐데요.

여기에만 있는 새들을
보여드릴 수도 있었을 테고요.

그 모든 아름다운
것을 내가 얼마나 보고
싶은지 모를 거요.

어쩌면 더 나아질 수도 있을까?
이 고장도 몇 년 후에는 어떻게 될지 모르오.
오듀본 씨는 어떻게 생각하시오?

저는 때때로 아메리카 원주민이었으면 좋았겠다고 생각합니다.

"지금은 그 메아리만 느낄 수 있는, 천지 창조 때처럼 순결하고 오래되고 근사한 이 세계를 알아가는 것."

예전의 초원이나 숲을 걸어보고 싶어요.

우리 유럽인들이 오기 전이요.

"원주민 전사들과 함께 행동한 적이 있었다(사냥에 나를 데리고 갔다)."

"그들은 무척 자유롭고 독립적이었고, 바깥세상과 완전히 동떨어져 있는 것 같았다. 그래서 나는 그들을 보며 감탄하고 선망했다."

"원주민 여성 하나가 자연 그대로의 차림으로 우리에게 합류했다."

"아주 아름다운 여성이···."

그림
그리신다면서요?

어, 네,
저는····

증명해보세요.

우리를
그려주세요.

엥? 지금요?

네, 할 수
있으세요?

아, 네, 네, 그럼요.

*『블레이크 시선』(서강목 옮김, 지만지, 2012) 참조. ─옮긴이 주

루시, 내 사랑 루시····.

습지열병에 걸렸어.

아주 위험해.

쇼건! 선생님 몸이 불덩이예요.

저런!

어떻게 해야 하죠? 그저 기다려야 하나요?

아니, 배를 강가에 대야지. 여기서 그리 멀지 않은 곳에 낫게 해줄 사람이 있어.

선생님, 선생님,
일어나세요.

아, 조지프,
여기 어디야?

숲속이에요. 선생님은
지금 편찮으세요.

쇼건이 선생님을
도와줄 '친구'를
데리러 갔어요.

그래도 선생님께서
이걸 놓치시면
안 될 것 같아서요.

뭘 놓치면···?

오!

나그네비둘기 떼야.

보면서도 못 믿겠군.

저렇게 많은 무리는 처음 봤어.

세어봐야겠어, 조지프.

1, 2, 3, 4, 5, 6, 7, 8, 9, 10, 11····.

선생님, 괜찮으세요?

··· 315, 316, 317, 318, 319, 320, 321, 322····.

그래 봐야
소용없어요.
수가 너무 많아요.

내 총을 줘,
쇼건···.

네?

몇 마리만
채집해야겠어.

관찰하고 싶어,
그림을···.

그리고 싶어.

여기 어디야?

저 사람들은
누구야?

몸이 불덩이
같아요.

뭐든 해야 해요,
빨리!

숨이
약해지고 있어!

거의 다 됐어요.

누구?
너희들은 누구니?
오, 세상에!
말도 안 돼!
루시? 너니?
우리 딸 루시?
그리고 너는 로즈?
그렇지?
너희들 정말···
많이
컸구나···.
너희들을 얼마나
보고 싶어 했는지
몰라···.
너희 엄마는
하루도 너희를 생각하지
않은 적이 없단다,
그리고 나는···.
너희를 만난 걸 알면
너희 엄마가 정말
좋아하겠다···.
같이
갈 거냐?
안녕, 얘들아!
만나서 정말
기뻤어. 이렇게
살아 있는···
모습으로.

잘생겼네···.

잠깐만요, 누구세요?

네 옆에서 도와주지 못해서 미안해.

널 돌봐주지 못해서 미안해.

무슨 말씀이세요? 우리 엄만 아이티의 공주였는데요?

나는···, 우리 엄마는 아메리카 대농장주의 딸이었는데요?

그렇게 일찍 네 곁을 떠난 걸 용서해 줘. 내가 할 수 있는 게 없었어.

우리 엄만 맨체스터 명문가의 딸이었는데요?

잠깐, 얘야!

날 내버려 둬요! 우리 엄마는 마리 앙투아네트 왕비였어요! 혁명 때 돌아가셨죠!

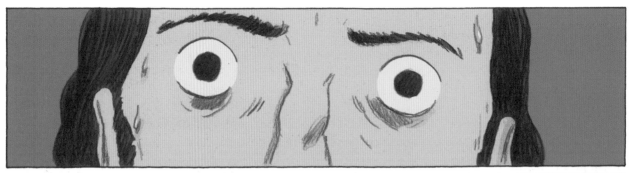

열이 떨어졌어요,
선생님?

내 그림!

괜찮아요, 선생님,
진정하세요.

조지프, 내 그림들이
저 사람들 손에
있으면 안 돼!

콜록 콜록
콜록!

콜록 콜록
콜록!

콜록 콜록
콜록!

콜록
콜록!

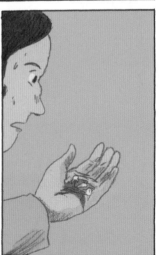

무슨 말을
하는 거야?

오듀본 씨가 엄청난
주술사라고 하네요.

아주 대단한
주술사요.

그림 가져와, 조지프.
저 사람들 손에
그림이 있으면···.

네, 그림은 제가 잘
정리해둘 헤니 선생님은
좀 더 쉬세요.

아주 심하게 앓으셨어요.
주무세요.
제가 알아서 할게요.

이 새들이 얼마나
오랫동안 날고
있는 거야?

말도 마세요.
사흘이에요, 선생님.
새까맣게 뒤덮여 쉬지도
않고 끝도 없이 날아가요.

도대체 언제 끝날까요?
지저귀는 소리를 도저히
못 참겠어요.

밤이 되면 나무에 빽빽이
앉아서 짹짹대죠.
정말 못 견디겠어요.

잠은 아예 잘 수도
없어요, 선생님.

원주민들은
어디 갔어?

아침에 모두
떠났어요.
순식간에
사라졌어요.

쇼건은?
어디에 있어?

109

안녕하세요, 부인.
이렇게 늦은 시간에
죄송합니다.

무서워하지 마세요.
저희는 길 잃은
여행자랍니다.

밤이 너무 늦어서
쉴 곳을 찾고
있는데요····.

들여보내 줘.

안녕하세요,
저희는····.

앉으쇼!

여기요!

고맙습니다.

죄송합니다. 시간이 너무 늦었고, 저희가 많이 걸어서요···.

저희 눈 좀 붙이게 헛간 한 귀퉁이라도 내주시겠어요?

우와! 선생님은 어떠실지 모르지만, 저는 여기서 정말 푹 잘 수 있을 것 같아요.

너무 기대하진 마.

조지프!
뒤쪽으로!

너무 늦었어요.
여기도 막혔어요!

빨리 그림 챙겨!
그림이 제일 중요해.
저 사람들은 내가 맡을게.

시계 때문이야!
할 수 없지!

열어!

빵!

어디에 있었던 거예요, 쇼건? 별별 생각을 다 했잖아요.

뗏목을 찾으러 갔는데 저놈들이 다 털고 가라앉혀 놨더라고요.

응? 식량, 내 화구, 총알, 다 없어졌나? 그럼 돌아가야지!

아뇨! 한 번은 쫓아냈지만, 두 번 통하진 않을 거예요.

얼른 걸어요. 최대한 저놈들과 멀리 떨어져야 해요.

선생님,
알아차리셨어요?

그래.

나그네비둘기들이
사라졌어.

사흘 넘게
머물렀지.

내 생각엔 나그네비둘기
무리의 개체 수가···.

··· 10억은
넘을 것 같아.

아무도
믿진 않겠지만.

쉿!

쇼건?

또
무슨 일이에요?

출발하고 나서
진짜 별의별 일이···.

조용히 해!

무슨···?

부우우!

하하하! 이게 누군가?
숲을 탐험하는 내 친구
존 제임스 오듀본이 아닌가!

환영하네, 친구들!

니콜라스?
이렇게 반가울 데가!

오듀본 씨.

숲으로 돌아가야겠어요.

제 일은 여기까지예요.

고마워, 쇼건. 정말 잘해줬어. 여기, 자네 품삯이네.

저렇게 떠나게 할 건가요, 선생님?

잘 가게, 쇼건!

우리가 없는 사이 헨더슨에서 불행한 일을 겪었다는 얘기는 들었네. 아버지 말씀으론 그 후에 자네가 장사를 아예 접었다던데···.

그리고 이제 새들의 꽁무니만 쫓아다닌다지?

자네 작업을 보고 싶군.

그런 다음, 우리 오랜 친구 찰리를 그려줄 수 있겠나?

물론이지!

손님이 쓰실 선실입니다.

며칠만 있으면 뉴올리언스에 도착하겠죠.

우리 여행이 이상하게 끝난 것 같지 않으세요, 선생님?

끝이라니? 뭐가 끝났다는 거야?

나는 이제 막 시작한 것 같은데.

아, 오듀본 씨.
그림이 정말 좋습니다.
멋져요!

내 딸의 미모와
드센 성격이 아주
확실히 보이네요.

자, 받으세요.
넉넉히 넣었어요.

고맙습니다.

이리 오세요.
배웅해드리죠.

안녕히 계세요,
엘리자 씨.

이번 일요일에 작은 모임을
할 텐데 오시겠어요?

네, 기꺼이 가죠.
늘 사냥을 나가는데,
루이지애나 주에는 제가 아직
못 본 종이 아주 많이 남아 있어요.

오, 잊을 뻔했네요.
받으세요. 박물관에
있는 제 친구 헨리에게
보내는 소개장이에요.

아, 다시 한번
고맙습니다.

그 친구도 분명 선생의
재능을 알아볼 거예요.

정말 그랬으면
좋겠습니다.

조지프?

드디어 돈을 받았어! 자, 이제 네 부츠를 새로 살 수 있어!

그런데 지금 뭐 하고 있어?

저 돌아갑니다, 선생님.

부모님께서 세인트루이스까지 가는 증기선 삯을 보내주셨어요.

그리고 새 부츠를 살 돈도요.

제가 여기서 어떻게 지내는지 아시고요 부모님이 벌써 여러 주 전부터 고향으로 돌아오라고 채근하셨어요.

저는 계속 안 간다고 고집을 부렸죠.

좋은 일이 생길 거라고 기다렸는데, 이제 더는 버틸 힘이 없어요.

저는 선생님과는 달라요. 끈기가 없어요.

죄송합니다, 선생님.

며칠만 더 기다려줄 순 없겠어?

선생님, 저랑 같이 가요!
함께 고향으로 가요.
제가 먼저 내리지만요.

아드님들과 루시 사모님
보고 싶지 않으세요?

그만해, 조.
내가 터지기 일보
직전인 거 알잖아.

지금은 아냐. 목표에 거의
가까이 왔는데 그만둘 순 없어.

여기서 해야 할 일이
너무 많아.

뿌ㅜㅜㅜ

잘 가,
조지프.

모래톱, 습지,
늪지대···,
여긴 보물창고야!

선생 그림은
정말 멋져요,
오듀본 씨.

진정한
예술 작품이오.

하지만 우리 생각을 분명히
말씀드리면, 예술적이긴 해도
자연주의적이진 않습니다.

몇 년 전에 우리는 지금은 고인이 된 알렉산더 윌슨(Alexander Wilson)과 일한 적이 있어요.

선생도 아시죠. 윌슨의 작업도 아주 흥미로웠는데, 표현적이기보다는 분석적이었죠.

그렇습니다.

판화도 아주 좋았습니다.

맞아요. 제 생각도 그래요.

박물관 차원에서는 도움을 드리기 힘들겠어요. 정말 죄송합니다. 찰스, 자네 생각은 어떤가?

윌슨은 하나의 기준이죠. 초기 투자가 아주 많이 들어갔어요. 『미국의 조류학』 같은 책을 또다시 만들 이유가 있을까 싶어요.

저도 그렇게 생각합니다. 배턴루지엔 윌슨의 열혈 독자층도 있죠. 그걸로 충분합니다.

그리고 이 그림의 인쇄판을 만들 수 있는 조판공이 미국에는 없다고 알고 있는데요?

그렇습니다! 저만 하더라도 이렇게 독창적인 작품들을 제대로 표현할 수 없을 거예요. 그럼요!

안됐지만, 선생은 유럽으로 가야 더 기회가 있을 거예요. 왜냐하면 여기는···.

실례지만, 오듀본 씨, 왜 과학적인 작품을 한사코 그리려고 하지 않는 거죠?

그래요! 워싱턴에서 아주 유명한 화랑을 운영하는 친구가 있어요. 그 친구가 선생의 작품을 사줄 사람들을 소개해줄 수도 있는데, 어떠세요?

맞아요! 제각기 어울리는 자리가 있어요. 과학자는 박물관이, 화가는 화랑이 어울리죠.

거기 누구요?

멈춰!
아니면 죽는다!

무기 내려놔요!

여기요, 여기요,
진정해요.

해치지 않아요.
약속할게요.

무섭진 않소. 괜찮아요.
나도 해치지 않아요.

당신은 누구요?

여기, 제 총 드릴게요. 그러면 제가 선량한 사람이란 걸 아시겠죠.

?

도와주세요, 주인님. 제발 부탁입니다.

음? 네, 물론···.

저기 제 뗏목이 있어요. 저를 따라오세요. 안전하실 거라고 제가 약속해요.

우우우!

?

무서워하지 마.
우리를 도와주러
오신 분이야.

아, 고마워.
정말 맛있네!

이런 소박한 식사를
좋아하는데,
오랜만에 잘 먹었어.

그런데 여기에서
감자는 어떻게
구했나?

이런 늪지에서 어떻게
살 수 있나?
이런 허접스러운 나무총으로
파리 한 마리라도 잡겠나?

노예 친구들이 몰래 저희를
도와주고 있지만 힘들어요.
그래서 저희가 선생님의 도움이
필요한 겁니다.

얘들아,
어서 자라.

우우,
안 돼요!

괜찮으시면
잠깐 나가시지요.

쉿!

여덟 달쯤 전에 저희 가족은
존슨 씨의 농장에서 살았는데
요, 존슨 씨가 돈을 좀
많이 손해 봤어요.

그래서 노예들을
경매시장에
내놓아야 했죠.

아내는 팔려서
수백 마일 떨어진 곳으로
보내졌어요.

아이들은 근처 농장으로
뿔뿔이 흩어졌죠.

어느 폭풍우 치던 날,
저는 도망쳤어요.

여러 주에 걸쳐 제 식구를 찾아서
이 임시 거처로 모아들였어요.

식구들을 하나씩
도망치게 했죠.

저는 처자식들과
멀리 떨어져서 살 수
없었어요. 아시겠어요?

주인님,
괜찮으세요?

괜찮아.
얘기 계속해봐.

하지만 계속
도망 다니며
생활할 순 없어요.

저희는 쫓기고, 굶주리고,
늘 위험에 시달리죠.

늘 무서워하며
살고 있어요.

그전에도 무척 힘들었지만, 그래도
예전 주인님과 농장 생활이 그리워요.

불쌍한 친구,
완전 나락에 떨어졌군.

아는
사랑이에요?

그래요. 존 제임스
오듀본이라고 프랑스계
화가요.

설마! 정말요?

똑 똑

오듀본 씨? 프로뱅이라고
합니다. 의사예요.

선생이 그린
새 그림을 보고 싶습니다.

혼자시군요.

오, 이런!

냄새가
지독해!

열어도 될까요?

여기는 새가 무척
많이 살아요····

새를 하나 그릴 때마다
새로운 새가 나오고, 또 나와요.

넓적부리, 백로, 참새, 제비갈매기,
굴뚝새, 휘파람새····

백인이 도착하기 전 이곳은
에덴동산이었을 거예요.

그 새를 모두 다 그릴 수 있을지
모르겠어요.

윌슨도, 나도 미국에 이렇게
새가 많으리라곤 생각하지 못했어요.

138

언제부터 이가 그렇게 다 빠졌나요?

어어!

진정하고 앉아 봐요.

나는 의사예요. 일을 제대로 할 줄 아는 의사요!

언제부터 제대로 먹지 않은 거예요?

커다란 홍학을 끝내려면 새 파스텔을 사야 했거든요.

그게 영리한 행동이라고 생각해요? 숨을 크게 쉬어 봐요.

건강이 너무 상했어요.

그림은 그만 그려요. 지금 새가 문제가 아니에요.

안 돼요. 아직 그려야 할 새가···.

계속 지금처럼 한다면 머지않아 아무것도 다시는 그릴 수 없게 될 거예요.

알았어요?

친구나 가족이 있어요?

네···.

알았습니다.

"사랑하는 루시,"

"내가 너무 오랫동안
소식을 전하지 못했지.
당신 소식도 받지 못해서
안타까워."

"우편물이
분실된 걸까?"

"나는 요 몇 달 동안 일하느라
정말이지 정신이 하나도 없었어."

"몇 년 전에 상상했던 것보다
훨씬 더 맹렬하고 열정적으로
그림에 빠져 있었지."

"새의 중요성과 진가를 알아보고 진지하게
몰입해 있는 사람은 아마 나 말고는
아무도 없는 것 같아.
특히 미국 과학계 사람들은 아니지."

"우리는 지금 새를 그려야 해. 지금은
새가 태초부터 살아왔던 보금자리에서
수천 마리씩 떼 지어서 살고 있지만,
이런 모습이 곧 사라져버릴 것 같아서
걱정이야."

"당신한테 고백할 게 있어.
얼마 전에 내가 일에 너무 몰두하다가
미국의 환상적인 숲에 말 그대로
녹아들어 버렸어.
세상에 너무 지쳐버리기도 했고."

"그때 어떤 의사가 찾아와서
나 자신으로부터 나를 구해줬어."

"어느 날 내 인생을 돌아본다면
여러 번의 이런 기적적인 만남으로
요약할 수 있을까?"

"프로밴 선생은 나를 치료해줬고,
내가 가능성을 엿볼 수 있게 해줬어."

"··· 돌아갈
가능성을···"

돌아왔어.

하하하!

루시, 난····   쉿!!!

꼬끼오!

저기 있어. 궤짝
속에 정리해뒀어.

내가 돌아오면서 가져온
그림들까지 합치면
200장은 될 것 같은데?

어머! 안 돼!

더러운 것들! 못된 것들!

어쩌면 좋아! 미안해, 존 제임스!

괜찮아, 상관없어.

루시, 괜찮아.

정말이야.

루이지애나 주에서 여유를 갖는 법을 배웠어.

이 작업이 아마 몇 년은 걸리리라는 걸 이미 알고 있었어.

이 그림들을 더 잘 그릴 수 있어. 별일 아냐.

다시 그릴 거고, 계속 그릴 거야.

퍼시 부부에게 말해뒀어.
여기에 당신 작업실을 만들 수 있어.
퍼시 부부가 당신이 이 집 아이들에게
그림 그리는 법을 가르치면 좋겠다고 했어.

이제 당신은 우리랑
여기서 사는 거야.

여기서 산다고?

하지만 루시,
나는 시작한 일을 끝내야 해.

이제 내 그림을
판화로 만들어야 해.

이해가 안 가네.
당신이 그건 불가능한
일이라고 했잖아?

여기에선, 루시.
여기에선,
하지만····

영국에선
할 수 있어.

·IV·

영국

리버풀, 1826년

힘내자, 라포레. 아무렴
영국인이 숲에서 만난 늙은
회색곰보단 낫겠지.

이레 뒤

무척 관심이 많습니다. 외람된 말씀입니다만, 선생님의 숲 모험담보다 훨씬 더요.

나도 사실 이런 사교 모임보다는 숲에서 고독을 만끽하는 것을 더 좋아한답니다.

이런 종이 있단 얘기는 한 번도 못 들었어.

아직 미개척지가 많은 미국에서 사냥하는 건 정말 흥미진진한 경험일 거야.

순박한 미국인 노릇을 하는 것도 내 일이에요. 이 나라 사람들이 아주 좋아하죠.

두고 봐요. 저녁 모임이 끝나기 전에 나는 칠면조 울음소리 흉내도 내야 할걸요.

내 멧새 그림의 어떤 점이 흥미로운가요?

왜 미국 멧새는 영국 멧새와 그토록 닮았으면서도, 또 아주 다를까 생각해보았어요.

아, 그거야말로 신의 창조물이 지닌 아름다움과 신비로운 점이죠.

조류학자인가요?

아니요. 아직 학생입니다만, 자연의 모든 분야에 관심이 있어요.

아, 그러면 조언을 하나 하죠.

여행을 다녀요!

책에 코만 박고 있지 말아요. 자연을 배우고 싶나요? 그러면 자연을 만나러 떠나야죠!

세상은 넓고 아주 다채로워요. 나는 숲에서 모든 걸 배웠죠.

맞습니다. 선생님.

거기까진 생각을 못 해봤어요.

세상을 직접 보고 싶어요. 박제나 그림 속 동물 말고 진짜 동물도요. 얼마나 근사할까요····

저는 아주 먼 옛날에 살던 동물, 특히 새에 관심이 많아요.

믿기 힘들지만, 아직도 용이 사는 섬이 있다는 얘기를 들었어요.

독특한 새들도 산다고 하고요.

그 동물들이 어디서 온 걸까요? 선생님 그림 속 새들의 깃털, 크기, 모양은 어떻게 그토록 다양할 수 있을까요?

멧새뿐만 아니라 모든 새가 그렇습니다.

보세요. 선생님이 그리신 올빼미를요. 발톱은 잡기에 알맞고요, 눈은 밤에 사냥할 때 아주 적합하지 않습니까?

이 놀라운 도구들이 완성된 상태에서 주어진 게 아니라면 어떨까요?

그러니까 오랜 세월에 걸쳐 '형성된' 것이라면요?

오랜 기간 탐구해오시면서 이런 질문을 던진 적은 없으신가요, 선생님?

없다고 해야겠네요.

그 질문은 좀 황당한 것 같아요. 신이 만든 창조물은 그 자체로 완벽해요, 젊은 친구.

독일에서 발견된 이상한 용의 화석들을 보셨나요?

전혀 새로운 깃털이 달린 도마뱀 같은 종류였어요.

어쩌면 이빨이 난 새일 수도 있고요.

무슨 뚱딴지같은 소리예요?

학생은 참 놀랍네요. 새라고요? 이빨이 빠진 도마뱀이라고요? 거 참 희한한 생각이네요.

하하하!

저는 그런 발견에 관심이 아주 커요.

만약 그런 생물체가 오늘날 우리가 보는 새의 조상이라면 어떨까요?

새는 태초부터 그 모습이었어요.

몇 세기 전이었다면 그런 생각을 하는 것만으로도 화형을 당했다는 건 알죠?

지금이니까 목숨을 부지하고 있단 말씀이시죠?

하하하!

하하하!

오듀본 씨!

여기서 본 그림 모두 아주 훌륭합니다!

듣자 하니 그림을 책으로 펴내실 계획으로 예약 신청을 받고 계신다면서요?

신청하겠습니다.

저도요! 이 그림들을 서재에 간직하고 싶어요.

이리 오세요. 제판하는 친구를 소개해드리죠.

선생님 작품에 아주 관심이 많아요.

오, 정말입니까?

미안해요, 젊은 친구. 가봐야겠어요. 대화가 아주 흥미로웠어요. 이름이?

다윈입니다.

다윈, 기억하죠.

맨체스터

더 타임즈

J.J 오듀본, 미국의 숲 사나이

에든버러

미술 ◆ 갤러리

미국의 새들

런던

댕!
댕!
댕!

워싱턴, 1842년

존 제임스 오듀본 씨!
뵙게 되어 영광입니다.

요즘 어디서나
선생님 얘기뿐이에요.

제가 오히려
영광이지요, 대통령님.

보세요. 선생님의
전 작품이
여기에 있어요.

미국의 모든 새 그림을
갖게 됐다니,
정말 놀랍습니다.

"최신 도판은 헤이벌(Havell)이
제판하고 인쇄했다.
이 그림들은 여전히 영국에서
높은 평가를 받고 있다."

435장의 도판이라니,
평생을 바친
작품이네요, 선생님.

인쇄하는 데에만 12년이 걸렸고, 숲에서 탐구하는 데 30년이 걸렸습니다. 가족들과 떨어져 오랜 세월 탐험해야 했지요.

여러 해 동안 고생하며 아내도 보지 못하고 아들들이 크는 것도 보지 못했지요. 성직자처럼 생활했습니다, 대통령님.

그렇게 말씀하시니 고생한 보람이 있었던 것 같습니다.

대단합니다!

제가 뭐 도와드릴 일이라도 있습니까?

아, 그래서 말씀입니다만, 저희가 새롭게 계획하는 일이 있는데···.

오, 이건 무슨 오리인가요?

흰줄박이오리입니다.

정말 정확하게 표현하셨어요! 저도 오리를 아주 좋아하는데요, 언제 일요일에 같이 사냥을 가실까요?

물론입니다, 대통령님.

새로운 계획 말씀하셨죠? 제가 어떤 도움을 드리면 될까요?

네, 이제 제가 미국의 네발 달린 동물을 그리고 싶어서요.

제 아들들과 박물학자 친구 몇 명과 광활한 미국의 모든 포유동물을 그림으로 남기고 기록하려고 합니다.

"아시다시피, 저는 새를 그리려고 미국을 종횡무진 다녔습니다."

"미시시피 강에서 첫 번째 탐험을 시작해서 루이지애나 주와 플로리다 주까지 갔지요."

"북부 래브라도부터 남부 텍사스 주까지 여행했어요."

"이번에 우리 원정대는 미주리 강의 원천으로 거슬러 올라갈 겁니다."

"서부 지역에 잘 알려지지 않은 것이 많죠. 제가 어린 시절부터 꿈꿨던 로키산맥을 비롯해서요."

"퓨마, 들소, 다람쥐, 그리고 현재까지 알려지지 않은 여러 종을 찾으러 갈 겁니다."

"5월 4일, 우리가 잡은 동물들은 이랬다.
개똥지빠귀 한 마리, 물지빠귀 한 마리, 앵무새
열일곱 마리, 황여새 한 마리, 처음 보는 종류의
멧새 한 마리, 목이 흰 멧새 두 마리,
꾀꼬리 두 마리, 회색 다람쥐 한 마리,
깃털이 북슬북슬한 제비 두 마리···."

"보급을 위해 분빌(Booneville)에서 쉬어가기로
했지만, 너무 지체하지 않고
떠나는 게 좋다는 걸 곧 알게 되었다."

"이곳에서는 집안 간에 불화가 극에 달해서
사슴이나 너구리를 죽이듯 아무렇지 않게
이웃을 죽인다."

"나는 우리가 어서 문명에서 멀어졌으면 싶다.
모피 사냥꾼 중 몇몇은 완전히 취해 있고,
그렇지 않은 이들은 숙취에 빠져 있다."

"요 며칠 오메가호는 순조롭게 앞으로 나아간다.
우리는 아직도 개척할 땅이 남아 있는 서부를 향해 가는
가난한 사람들의 행렬을 마주쳤다."

"커다란 미주리 강으로 흘러 들어가는
작은 지류인 수픽투(Sioux-Pictou)를 건너며
나는 깜짝 놀랐다."

"예전에는 비버, 수달, 사향쥐가 아주 많이 살았는데,
지금은 완전히 없어졌기 때문이다."

"숲은 벌목으로, 산불로 아주 빠르게 사라지고 있다."

"최근에 배에서 내렸을 때는 새 한 마리 잡지 못했다.
밤새도록 우리를 산 채로 잡아먹으려는 듯 가차 없이
덤벼들던 모기떼 말고는 텅 비어버린 듯 동물이 없었다."

"내일 들판으로 원정을 가서 사냥도 하고
몸도 풀기로 했다. 어쩌면 뭔가
발견할 수 있지 않을까?"

"며칠 전부터 발꿈치에 끔찍한 물집이 생겨서
조금만 움직여도 무척 아프다.
먼 데까지 사냥을 가는데, 따라갈 것이다."

"사냥 결과가 좋았다. 지나치게 좋았던 것 같다. 며칠 동안
배를 타느라 지루했던 러라 사람들은 운동이 필요했다.
하지만 마구잡이로 총을 쏘는 걸 자제할 수는 없었을까?"

"어디에서나 들소 수천 마리가 오락 삼아 쏜 총에 죽어간다.
버려진 사체들을 늑대, 맹금류, 까마귀 들이 차지한다."

"좀 더 상류로 올라가니 수십 마리의 들소 사체가 부풀어 오른 채 발을 하늘로 향하고 둥둥 떠다니고 있었다. 들판의 사냥에서 도망친 들소들이 강을 건너다 운 나쁘게 빠져 죽은 것이었다."

"혐오스러울 정도로 지저분한 몰골로 구걸하는 원주인 무리를 마주치면 나는 언제나 슬프다. 그들은 이렇게 며칠이나 지나서 상한 고기라도 아랑곳없이 먹으려 한다."

"그 가련한 이들을 나는 마음속 깊이 연민한다."

"자유롭게 태어난 사냥꾼의 후손이여, 타고난 권리를 그대에게 돌려줄 수 있다면, 그대의 독립적인 취향, 그 옛날 강인한 가슴 속에 가득했던 고결한 감정들을 돌려줄 수 있다면."

"오늘 밤 나는 무척 피곤하다. 나이가 느껴진다. 오늘 일어난 일에 대한 보고서는 내일 다시 쓰겠다."

"오늘 아침엔 숲지빠귀의 달콤한 노랫소리 덕분에 귀가 즐거웠다. 사슴의 혀, 내장, 간으로 만든 아침 식사를 모두 맛있게 먹었다."

"깜짝 놀랄 일이 있었다! 해리스와 벨이 처음 보는 새 두 마리를 가져왔다. 아주 멋진 종달새 한 마리와 금색의 딱따구릿과 새인데, 아랫부리에 흔히 보는 검은색이 아니라 빨간 자국 같은 것이 있었다."

"바트램의 뒤를 이어 윌슨은 ㅗ00종 이상의 새를 기록했지만, 많은 오류가 있었다. 내 책 『미국의 새들(Birds of America)』에는 435종을 담았는데, 그 후에 새로 발견한 종들은 아쉽게도 추가할 수 없었다."

"이런 맹렬한 탐구를 아직 몇 년은 더 해야 할 것 같다는 결론을 내릴 수밖에 없다. 중요한 부분은 내가 했으니, 다른 이들이 마무리를 지을 것이다."

"미국 땅에는 여전히 알려지지 않은 새의 종류가 얼마나 있을까? 로키산맥을 넘어, 태평양 연안까지?"

"우리는 마침내 미주리 강의 마지막 군 요새인 포트유니언(Fort Union)에 도착했다. 그곳은 가까이에 로키산맥을 둔 야생의 땅이었다."

"컬버트슨 대위가 환영의 의미로 축포를 몇 방 쏘아주었다."

콰! 콰!

"컬버트슨 대위는 따뜻하고 씩씩하며 잘생긴 사내였다.
전설을 이뤄낸 전쟁 영웅 중 하나이기도 했다.
그의 아내는 아름다운 원주민 공주였는데, 강에서 마주쳤던
떠돌이 원주민들과 완전히 대조적인 모습이었다."

"끔찍이도 긴 여행에 나는 여전히 기진맥진했다.
그래도 우리가 바로 세인트루이스에서 포트유니언까지
48일 일곱 시간 만에 가는 기록을 세웠다는 소식을
전해 들었다."

"요새에서 보내는 일상은 즐거웠고,
모두 나를 따뜻하게 대해 주었다. 나는 해리스와 함께
긴 산책을 하고 새도 몇 마리 잡았다. 그리고 나머지 시간은
그림을 그리며 저녁 식사 시간을 기다렸다."

존 제임스, 포트유니언에서
대접을 받으며 지낸 지 벌써
여러 주가 지났네.

이제 슬슬 여행을 다시
시작해야지, 이러다
겨울이 되겠어.

요 며칠 많이
생각해봤는데, 우리 이제
돌아가야 할 것 같아.

네?

무슨 말씀이세요?

"9월 12일 금요일. 비가 왔다. 극도로 불쾌한 밤이 지난 후 모든 것이 젖고 더러워졌다. 우리 배는 말 그대로 진흙 구덩이가 되었다."

"10월 14일. 맑고 온화한 날씨. 무척 일찍 떠났다. 마운트플레전트(Mount Pleasant)를 지나쳤다. 세인트찰스(Saint Charles)에서 내려서 빵을 샀다. 저녁에 세인트루이스에 도착했다."

"10월 22일에 세인트루이스를 떠났다. 신시내티까지 가는 증기선 '노틸러스(Nautilus)'호에 탔다."

뉴욕 인근 미니슬랜드(Min-niesland), 1843년

루시? 나 왔어.

"1843년 11월 6일 오후 세 시, 집으로 돌아왔다. 신의 가호로 가족 모두 건강했다."

167

아아아!

할아버지 일하신다.
얘들아, 저기 가서 놀렴.

더는 못 하겠어,
루시.

일만 시작하면
곯아떨어져.
너무 피곤해.

붓이 자꾸 손에서
떨어져.

169

1850년 가을

존 제임스?
누가 멀리서
당신을 보러 왔어.

알아보지 못하더라도
놀라지 마세요. 슬프지만
요즘 이이가 늘 이래요.

성함이 어떻게
되신다고 했죠?

괜찮습니다, 부인.

여행 잘하라고
빌어주려고 왔어요.

안녕히 계세요.

뭐? 그건 보여주기
위한 거지!
당신들한테는 안됐지만!

진정해,
존 제임스!

얼른 저 사람들
떼어놓고 숲으로
가야겠어.

쇼건!

여행 잘하세요,
오듀본 씨!

"오늘 아침에 나는 기적을 믿게 됐어···."

"해가 막 떠올랐을 때였지. 당신한테는 너무나 익숙한 새소리가 들렸어."

"숲지빠귀가 우는 소리를 들은 것 같아."

"당신이 내게 자주 얘기했잖아. 모험하는 동안 가장 힘든 순간마다 늘 어디선가 숲지빠귀의 즐거운 노랫소리가 들려왔다고."

"그 노랫소리가 고사리를 엮어 만든 잠자리에서 당신을 일으킨 적이 한두 번이 아니라고."

"그 노랫소리를 들으면 어김없이 우울한 기분은 사라지고 벅찬 기쁨이 찾아온다고."

"물론 나는 당신이 그토록 좋아하는 새의 습성은 잘 몰라."

"하지만 이런 계절에 지빠귀는 더 따뜻한 지방에 가 있다는 건 알아."

"지빠귀 한 쌍이 이른 봄을 알리려고 미리 돌아온 걸까?"

"이번만큼은 숲지빠귀의 노래가 당신을 침대에서 일으키지 못하리란 것도 알아."

"그래도 한겨울에 찾아온 이 노래 선물에 나는 깊은 감사를 느껴."

"마치 당신에게 마지막 인사를 하듯…."

"이제 편안히 쉬어, 나의 라포레."

주석

이 책의 많은 일화는 오듀본이 쓴 글을 토대로 하며, 특히 『미국과 북아메리카 자연의 여러 장면 (Scenes of Nature in the United States and North America)』을 많이 참조했다.

22쪽 - 〈굴뚝제비(the chimney swallow)〉 참조.

40~41쪽 - 〈야생 칠면조(wild turkey)〉에 나오는 글 발췌.

54쪽 - 〈다갈색 흉내지빠귀(ferruginous mocking bird)〉 참조.

64쪽 - 〈잘생긴 홍머리오리(the beautiful crested duck)〉에 나오는 글 발췌.

83쪽 - 〈플로리다의 나무꾼들(the woodcutters of Florida)〉, 〈미드빌(Meadville)〉 참조.

94쪽 - 〈나그네비둘기(the passenger pigeon)〉 참조

> 나그네비둘기의 비행이 여러 날 계속된다는 오듀본의 말은 신빙성이 있어 보인다. 19세기에 나그네비둘기의 개체 수는 수십억 마리에 달했다. 나그네비둘기 엄청난 피해를 주며 대규모로 이동했다. 남획도 멸종 원인 중 하나지만, 미국의 광대한 숲이 사라지면서 나그네비둘기는 1914년을 마지막으로 아주 사라졌다.

112쪽 - 〈대평원(the prairie)〉 참조

130쪽 - 〈도망자(the fugitive)〉 참조

> 이 책에서는 오듀본이 노예를 소유했는지, 노예를 소유하는 것이 시대 상황상 정상적이고 만연했는지를 보여 주지 않는다. 오듀본은 '자유롭고 좋은 주인'이었다고 자신을 평가했다. 노예제와 관련한 미국의 비극만으로도 책 한 권을 쓸 만하지만, 우리는 오듀본의 글을 참조한 일화 하나만 언급했다.

150쪽 - 오듀본이 강연하고 『미국의 새들』을 소개하러 에든버러에 갔을 때 다윈은 에든버러대학교(University of Edinburgh)에 다니고 있었다. 이 책에서 상상한 만남이 실제로 있었을 가능성도 있다.

153쪽 - 실제로 시조새는 오듀본이 사망하고 10년이 흐른 1860년에 발견되었다.

160쪽 - 존 제임스 오듀본의 『미주리 일기(the Missouri River Journals)』 참조. 오듀본의 여러 인용구가 실려 있다.

참고문헌

이봉 샤틀랭(Yvon Chatelin), 『오듀본: 화가, 박물학자, 모험가(Audubon: peintre, naturaliste, aventurier)』, 프랑스 앙피르(France-Empire).

존 제임스 오듀본, 『미국과 북아메리카 자연의 여러 장면(Scènes de la nature dans les États-Unis et le nord de l'Amérique)』, FB에디시옹(FB Éditions).

존 제임스 오듀본, 『미주리 일기(Journal du Missouri)』, 프티비블리오테크파요(Petite Bibliothèque Payot).

앙리 구르댕(Henri Gourdin), 『존 제임스 오듀본, 1785~1851년(Jean-Jacques Audubon, 1785~1851)』, 악트쉬드(Actes Sud).

존 제임스 오듀본, 『조류 대전(鳥類大典, Le Grand Livre des oiseaux)』, 시타델에마즈노(Citadelles et Mazenod)

〈캐롤라이나 앵무(Carolina Parakeet)〉
존 제임스 오듀본

〈오두본〉

존 사임(John Syme), 1826년

존 제임스 오듀본의 삶

오듀본은 '장 자크'라는 이름으로 1785년 아이티에서 태어났다. (사업가이자 탐험가였던 아버지 장(Jean Audubon)이 하녀 잔 라빈(Jeanne Rabine)과 불륜 관계를 통해 낳은 사생아였다. 잔은 출산 중에 사망했고, 이 사연은 오랫동안 비밀이었다.) 어린 시절을 프랑스 낭트에서 보냈고, 방학 때마다 낭트 근처 쿠에론(Couëron)의 라제르브티에르(La Gerbetière)에 있는 가족 별장에 갔다.

장 자크는 학교를 종종 빼먹고 습지에서 자연을 배웠는데, 그 습지는 오늘날 오듀본의 이름을 쓰고 있다. 프랑스 혁명 도중에 숲에서 보낼 미래를 예견하듯 이름을 '푸제르(Fougère, 고사리라는 뜻)'로 개명한다. 1803년 나폴레옹 군대 징집을 피해 아버지가 미국 동부 연안에 있는 소유지인 밀그로브(Mill Grove)에 아들을 보낸다. 그때부터 장 자크는 미국인이 되었고, 이름을 존 제임스 오듀본으로 바꾼다. 이웃에 살던 루시 베이크웰을 만나 결혼하고 자식을 넷 낳는다. 아들인 빅터와 존은 커서 아버지와 함께 일하고, 딸인 로즈와 루시는 어릴 적에 사망한다.

아버지를 따라 여러 가지 사업과 장사를 하는데, 초기에는 꽤 성공한다. 그러다 앞을 내다보고 모든 재산을 풍차와 증기 제재소에 투자하는데, 지나치게 앞서간 탓인지 잔뜩 빚만 지고 만다. 감옥에 갇혀서 결국 파산을 선언하고 사업을 접는다. 그리고 가장 열정을 쏟던 대상인 새를 탐구하고 그리는 데 전념하기로 한다. 여러 해 동안 집을 떠나 미국의 숲을 종횡무진으로 다니며 사냥하고 새 그림을 그린다.

작품이 늘어나자 오듀본은 신시내티와 뉴올리언스 과학협회에 등록하고 책을 내보려 하지만, 몇 해 전 알렉산더 윌슨과 『미국의 조류학』을 냈던 협회 측에서 거부한다. 1826년 오듀본은 후원자와 (당시로써는 미국에 없었던) 실력 있는 조판공을 찾기를 바라며 영국으로 건너간다. 그곳에서 그는 이국적인 미국 정서로 영국의 귀족과 과학자 들을 사로잡으며 엄청난 성공을 거둔다. 프랑스로 가서 퀴비에(Georges Cuvier, 1769~1832)를 설득하고, 몇몇 부자에게 후원을 약속받는다. 런던에서 최고의 조판공인 헤이벌(Robert Havell, Jr., 1793~1878)을 만나서 12년간의 작업 끝에 『미국의 새들』을 책으로 펴낸다.

헤이벌 가문이 제판한 마지막 인쇄판은 1838년에 나왔으며, 이로써 435장의 수채화 도판이 실린 필생의 역작 『미국의 새들』이 탄생한다. 1842년 미국에서 대중판으로 펴낸 『미국의 새들』이 엄청난 성공을 거둔다. 부유하고 유명해진 오듀본은 새로운 계획 『북아메리카의 포유류들(the Quadrupeds of North America)』을 위해 미주리강을 마지막까지 탐사한다. 이 계획은 훗날 아들들의 손으로 완성된다. 오랜 여행으로 쇠약해지고 노환에 시달리던 오듀본은 1851년 뉴욕에서 숨을 거둔다.

오늘날의 오듀본 :

오듀본은 한동안 잊혔다가 그림들이 다시 주목을 받으면서 재평가되었다. 1896년 그의 이름을 딴 첫 번째 단체인 매사추세츠오듀본협회(Massachusetts Audubon Society)가 설립되었다. 이는 1905년 오듀본협회(National Audubon Society)로 재탄생했으며, 오늘날 미국에서 가장 영향력이 있는 자연보호 협회 중 하나로 꼽히고 있다. 오듀본협회는 미국 전역에 수천 개의 지부와 수십만 명의 회원을 거느리고 있다.

존 제임스 오듀본은 여러 저작과 작업을 통해 자연 애호가이자 미국 생태학의 아버지 중 하나로 알려져 있다. 하지만 사냥에 관한 오듀본의 태도는 오늘날 많은 자연 애호가의 비판을 받고 있기도 하다. 오듀본의 이름을 붙인 도로, 공원, 동물원, 박물관, 학교가 수없이 많다.

미국에서 존 제임스 오듀본은 미국독립전쟁을 이끈 라파예트(La Fayette) 장군 만큼이나 유명한 프랑스인이다. 하지만 프랑스에서는 거의 알려지지 않았다.

『미국의 새들』의 초판은 200부가 발간되었다. 대부분 사라졌으며, 남아 있는 프랑스판 열네 부 중 네 부만이 온전한 상태로 보존되어 있다. 2010년 12월 7일, 런던 소더비(Sotheby) 경매에서 온전하게 보존된 『미국의 새들』 한 부가 850만 유로(약 108억 원)에 거래되었다. 현재 『미국의 새들』은 세계에서 가장 비싸고 사람들이 많이 찾는 책 중 하나가 되었다.

〈송골매(Peregrine falcon)〉
존 제임스 오듀본

〈큰어치(Blue jay)〉
존 제임스 오듀본

〈야생 칠면조(Wild turkey)〉

존 제임스 오듀본

감사의 글

라로셸자연사박물관(Mus um d'histoire naturelle de La Rochelle)에 감사합니다.
오듀본대서양쿠에롱협회(Association Cou ron Audubon Atlantique)
장 이브 노블레(Jean-Yves Noblet)님께 감사합니다.
쿠에롱시청(Mairie de Cou ron)에 감사합니다.
이봉 샤틀랭님께 감사합니다.

부모님께 감사합니다.